In Wonderland

漫游奇境

——奇妙森林

惠成 HUICHENG Publishing Media

徐雅茜 徐 阁 彭 惠 / 著

陕西新华出版传媒集团
未 来 出 版 社

图书在版编目(CIP)数据

漫游奇境.奇妙森林 / 徐雅茜,徐阁,彭惠著.--
西安:未来出版社,2015.12
ISBN 978-7-5417-5905-5
Ⅰ.①漫… Ⅱ.①徐… ②徐… ③彭… Ⅲ.①心理压力
-心理调节-通俗读物②绘画技法-通俗读物 Ⅳ.
①B842.6-49②J21-49

中国版本图书馆CIP数据核字(2015)第302951号

MANYOU QIJING QI MIAO SEN LIN
漫游奇境——奇妙森林 徐雅茜 徐 阁 彭 惠/著

出品人	尹秉礼
总编辑	陆三强
选题策划	曾 敏 乔 巧 罗艳辉
责任编辑	石小磊
整体设计	惠成出版传媒
排版制作	吴 越
技术监制	宇小玲 宋宏伟
发行总监	董晓明
出版发行	未来出版社(西安市丰庆路91号)
印 刷	安康天宝印务有限公司
开 本	787mm × 1092mm 1/12
印 张	8
版 次	2016年1月第1版
印 次	2016年1月第1次印刷
书 号	ISBN 978-7-5417-5905-5
定 价	42.00元

Try to add the flowering branches of the lily

尝试画百合花的花枝

______的奇妙森林

世界存在于《奇妙森林》

跟随你的内心，色彩随心情的节奏跳动。

这是一个由缤纷植物、愉悦心情和森林里的各类动物们集合而成的黑白奇妙森林。

这是一个关于森林的梦，
有沉稳大气的百年老树，
有卷曲跳跃的枝叶藤蔓，
有灵动魅惑的仙子精灵，
有等待被你发现的昆虫动物……

当你用奇妙的画笔来涂绘的时候，
你还可以在空白处尽情发挥想象，
用你专属的色彩赋予它们鲜活的生命，
用你独特的画笔留下五彩斑斓的足迹。

Ready Go ……

添加一些飘舞的花瓣
Add some floating petals

Add the insects dancing in the air

添加一些飞舞的小虫

画一些蒲公英的种子
Add the seeds of the dandelion
Find the field mice
找一找有几只小田鼠

Add some stones for the ground

在地上添加小石头

添加一些水生植物
Add the aquatic plants

Add lots of flowers

请添加更多的花

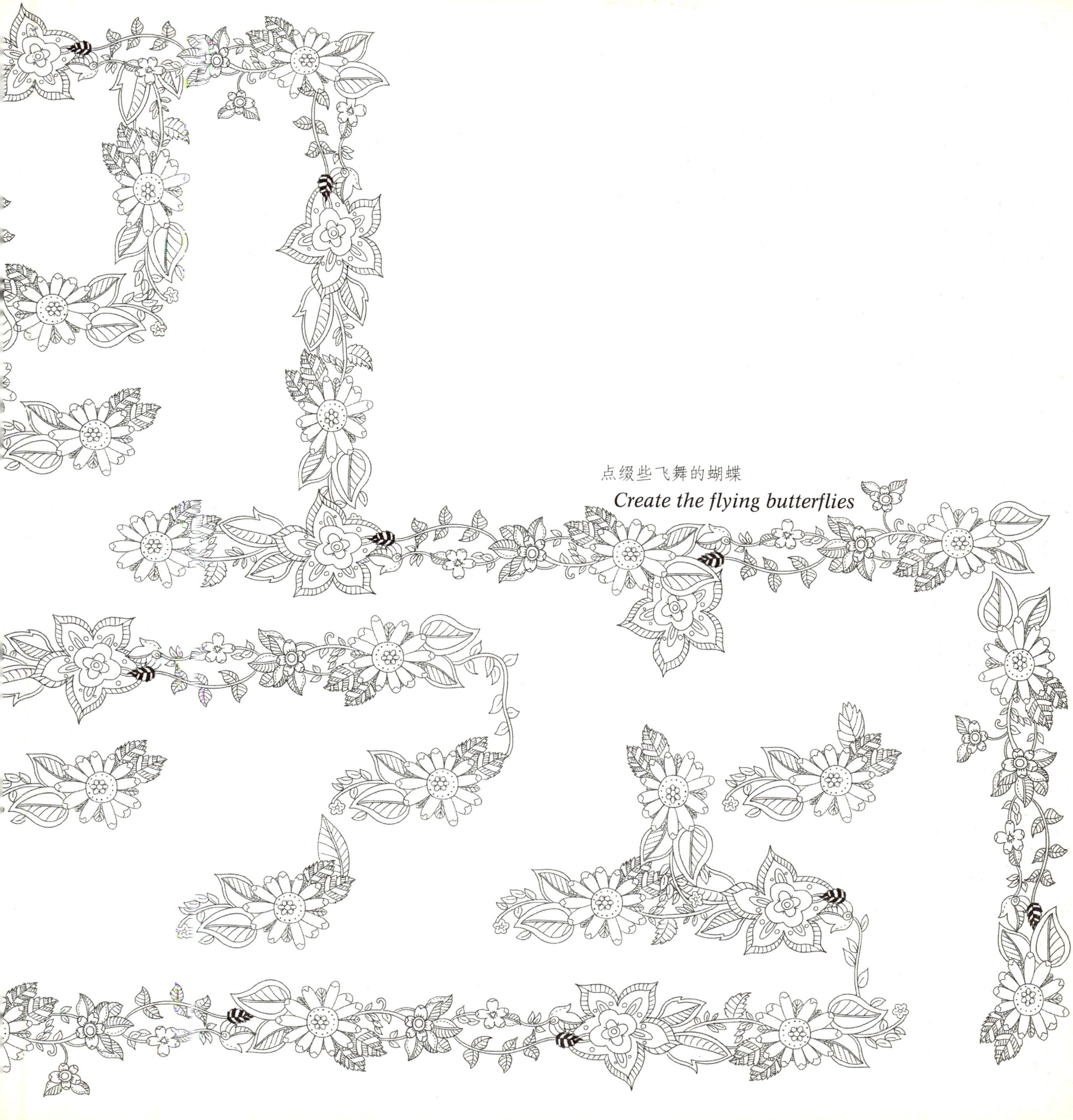

点缀些飞舞的蝴蝶

Create the flying butterflies

Add the feathers around the outer part of the cage
在鸟笼外圈画一些不同角度的羽毛

Add the leaves to the stems
给空白花茎加上更多的叶子

画一些到处飞舞的蛾子

Create the flying moths

在周围添加一些小虫
Add the insects around the twigs

Add the leaves and vines
继续画树叶藤蔓

Add the insects

再添加几只小虫子

Try to design your special leaves
设计一些特别的树叶

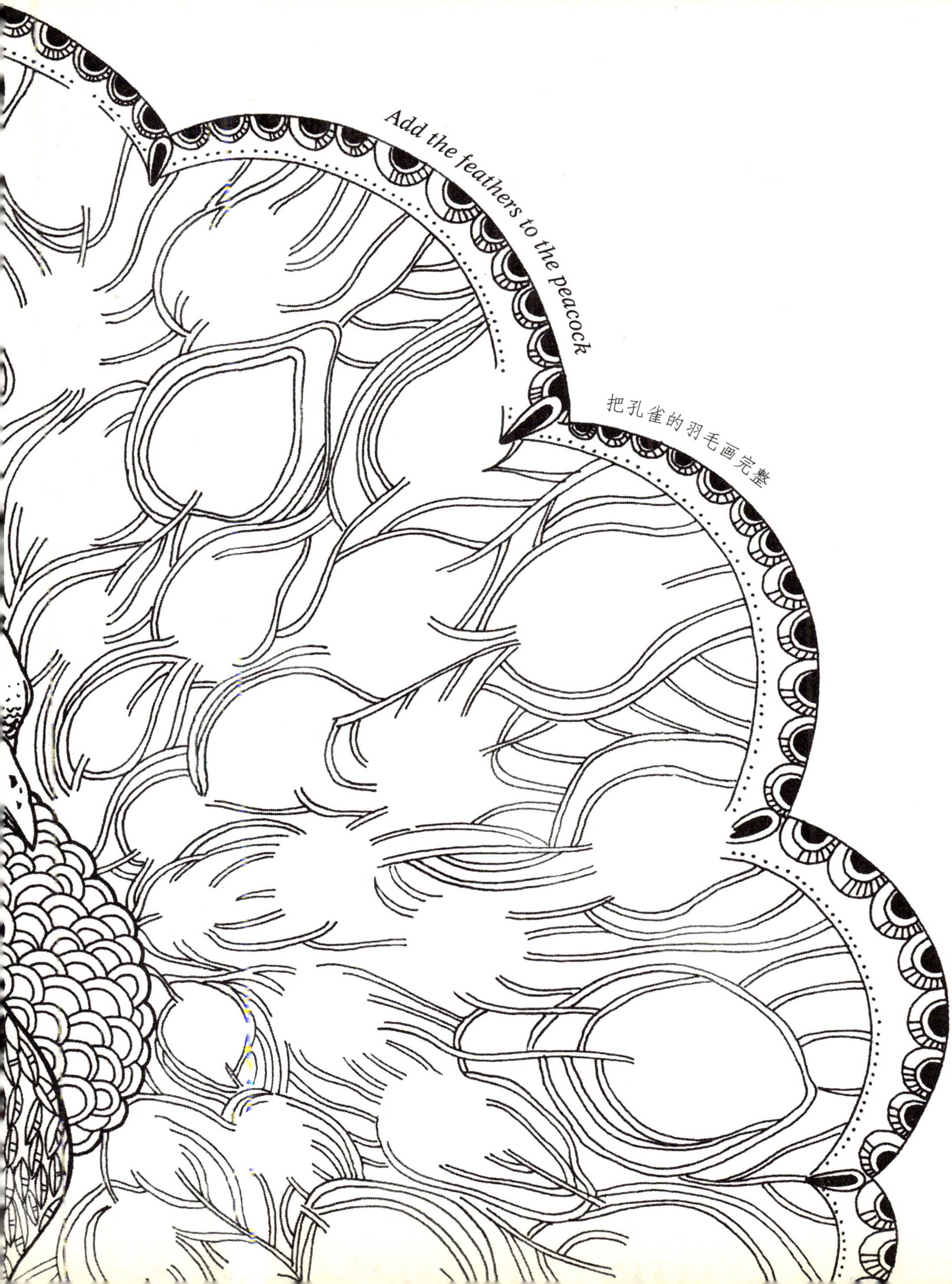
Add the feathers to the peacock
把孔雀的羽毛画完整

Add some floating petals and leaves
添加一些飘舞的花瓣和树叶

添加一些树枝和树叶
Add lots of branches and leaves

在空白的树上画上自己喜欢的花纹
Complete your arboreal pattern

点缀些飞舞的蝴蝶

Create the flying butterflies

Add lots of leaves and insects
画点树叶和小虫

画一些飞舞的花朵
Add some floating flowers

试着画一些藤蔓
Try to add the vines

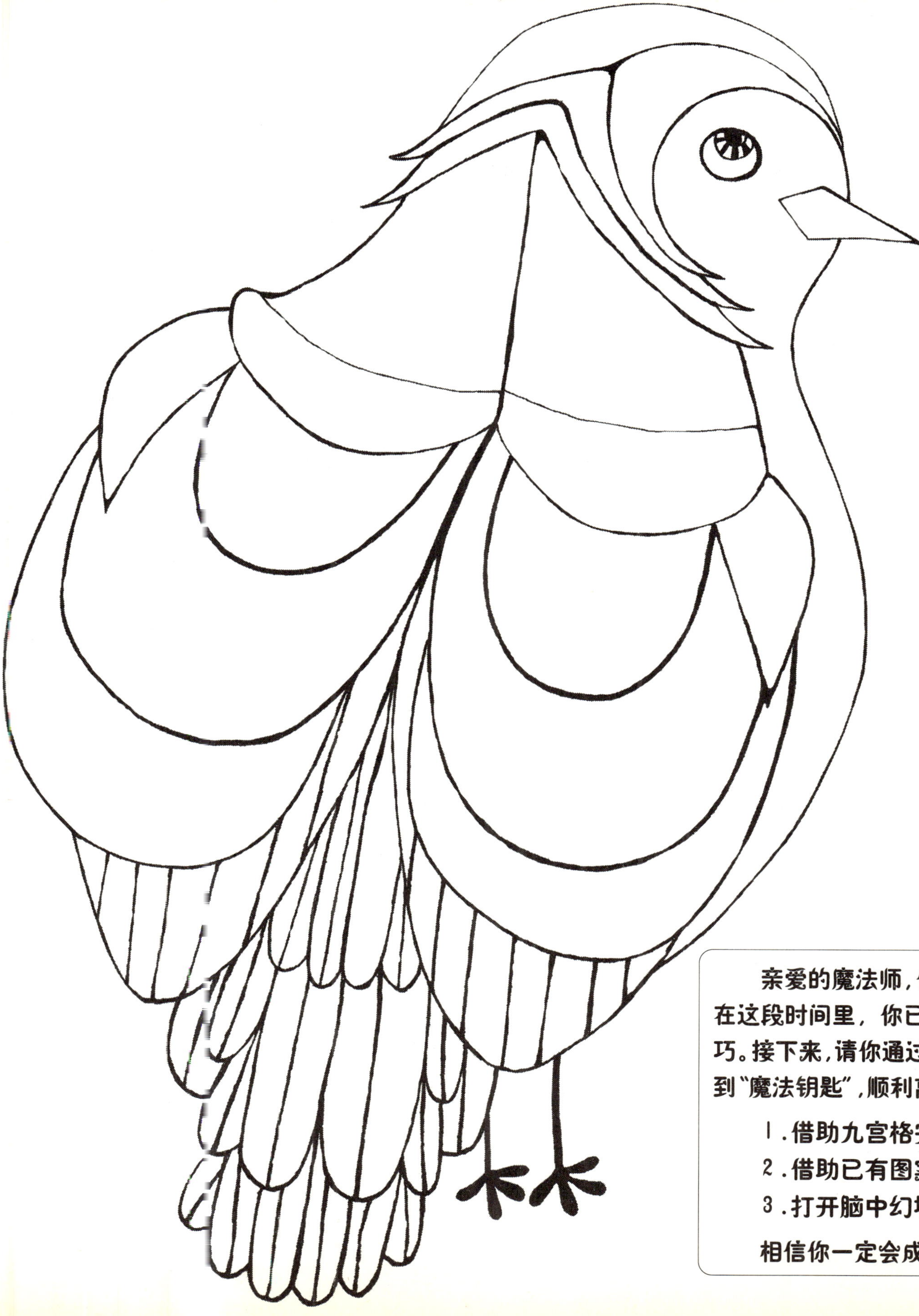

亲爱的魔法师，你的奇幻之旅即将结束，相信在这段时间里，你已经熟练掌握了配色秘诀与技巧。接下来，请你通过以下考验，完成通关任务，拿到“魔法钥匙”，顺利离开奇妙森林。

1.借助九宫格完成复杂的图案。

2.借助已有图案添画。

3.打开脑中幻境，天马行空发挥想象作画。

相信你一定会成为最出色的魔法师！

Add pointers for the beautiful clock
给美丽的时钟画上指针

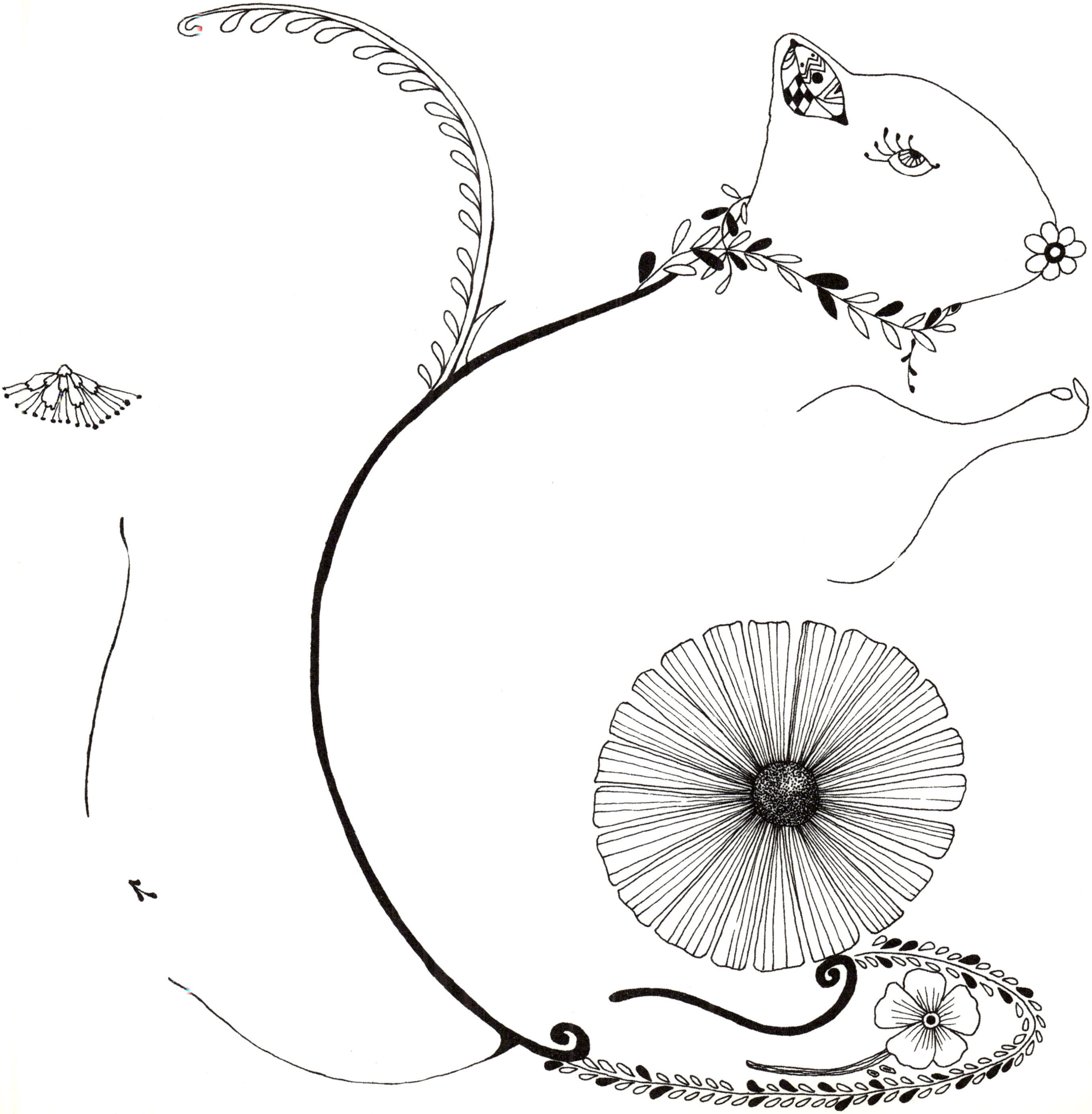